Maxim Kondratiev

CONTROLO DE POTÊNCIA DE UMA ÁGUA COM ALIMENTAÇÃO ELÉCTRICA Parte 2

Maxim Kondratiev

CONTROLO DE POTÊNCIA DE UMA ÁGUA COM ALIMENTAÇÃO ELÉCTRICA
Parte 2

Domínio da invenção: sistemas electroquímicos de purificação de água

ScienciaScripts

Imprint

Cover image: www.ingimage.com

This book is a translation from the original published under ISBN 978-620-7-80775-8.

Publisher:
Sciencia Scripts
is a trademark of
Dodo Books Indian Ocean Ltd. and OmniScriptum S.R.L publishing group

120 High Road, East Finchley, London, N2 9ED, United Kingdom
Str. Armeneasca 28/1, office 1, Chisinau MD-2012, Republic of Moldova, Europe
Printed at: see last page
ISBN: 978-620-7-99248-5

ÍNDICE DE CONTEÚDOS

RESUMO DA INVENÇÃO

A invenção fornece um sistema eletroquímico completo de purificação de água. A configuração completa deste sistema, incluindo formas de realização alternativas, é descrita em pormenor.

Descrição Detalhada do Modo como o Controlo de Potência da Presente Invenção Sincroniza o Fornecimento de Energia a um Reator Eletroquímico W2W.
O conceito e princípio geral e fundamental "patenteável" da presente invenção é que o reator eletroquímico (células de eléctrodos e eléctrodos e respetivo invólucro), juntamente com o seu mecanismo de fornecimento de energia (unidades de fornecimento de energia interligadas e controlador lógico programável), são implementados para tratar água corrente de acordo com o funcionamento sincronizado estável e integrado de mecanismos electroquímicos, de eletrocoagulação e hidrodinâmicos.

Um dos principais objectivos gerais do funcionamento sincronizado estável e integrado é maximizar a utilização e, por conseguinte, a eficiência da energia gerada pelo mecanismo de fornecimento de energia e fornecida ao reator eletroquímico, em particular, às células de eléctrodos e aos eléctrodos nele contidos, para tratar a água corrente. Funcionamento sincronizado do Reator Eletroquímico (ECR) e do Mecanismo de Fonte de Energia (ESM).

O reator eletroquímico (ECR), que funciona como o local físico de tratamento da água corrente, inclui pelo menos duas, de preferência várias, células de eléctrodos estruturadas e operáveis de forma idêntica, em que cada célula de eléctrodos inclui dois eléctrodos - um cátodo e um ânodo.

O mecanismo da fonte de energia (ESM), que funciona como fonte de energia para o funcionamento do reator eletroquímico (ECR) do sistema de tratamento de água, inclui pelo menos duas, de preferência várias, unidades de alimentação (PSUs) operáveis de forma idêntica e um controlador lógico programável (PLC). As unidades de alimentação (PSUs) estão devidamente interligadas entre si, com o controlador lógico programável (PLC) e com o reator eletroquímico (ECR), de acordo com várias configurações alternativas, de modo a que haja uma sincronização completa dosparâmetros de saída (tensão, corrente) gerados pelas unidades de alimentação (PSUs) e fornecidos ao reator eletroquímico (ECR).

Durante a implementação do sistema de tratamento de água, os mecanismos electroquímicos, de eletrocoagulação e hidrodinâmicos que ocorrem no interior do reator eletroquímico (ECR) e o mecanismo da fonte de energia (ESM) que gera a energia que é fornecida ao reator eletroquímico (ECR) funcionam de forma sincronizada.

O funcionamento sincronizado tem lugar no domínio do tempo, de um ciclo de tratamento de água para o ciclo de tratamento de água seguinte, durante um período de funcionamento que dura um determinado período de tempo ou número de ciclos de tratamento de água, em que um ciclo de tratamento de água corresponde a um único ciclo de tratamento ou processamento de um único volume de água corrente de entrada no reator eletroquímico (ECR).

Durante o funcionamento sincronizado do mecanismo de fornecimento de energia (ESM), um

Uma única unidade de alimentação (PSU) é designada por unidade de alimentação "mestre", aqui referida como (m-PSU), funciona e é sincronizada com a(s) outra(s) unidade(s) de alimentação "escrava(s)", aqui referida(s) como (s-PSU ou s-PSUs, respetivamente). Este tipo de funcionamento sincronizado mestre-escravo das unidades de alimentação (PSUs) é automaticamente controlado pelo controlador lógico programável (PLC) que envia sinais de feedback para a unidade de alimentação mestre (m-PSU).

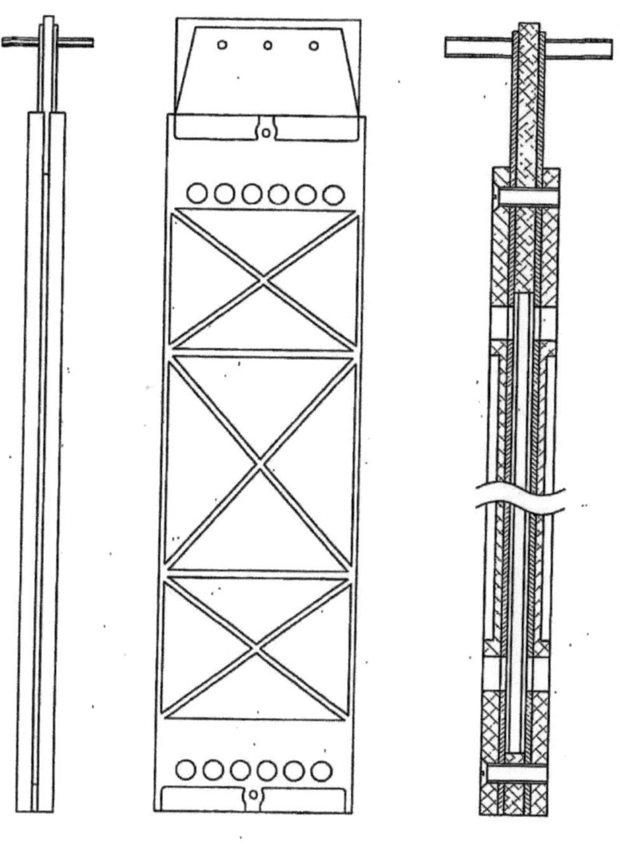

FIG. 10

A Fig. 10 é outra vista em perspetiva de duas cassetes de células de eléctrodos e do respetivo par de eléctrodos de carga oposta da presente invenção.

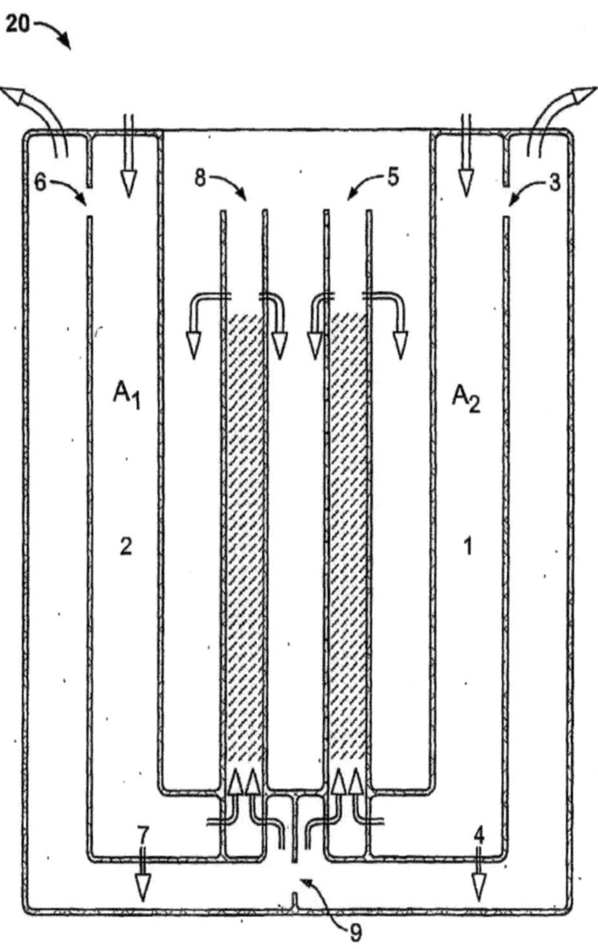

FIG. 9

A Fig. 9 é uma vista em perspetiva de duas cassetes de células de eléctrodos e do respetivo par de eléctrodos de carga oposta da presente invenção.

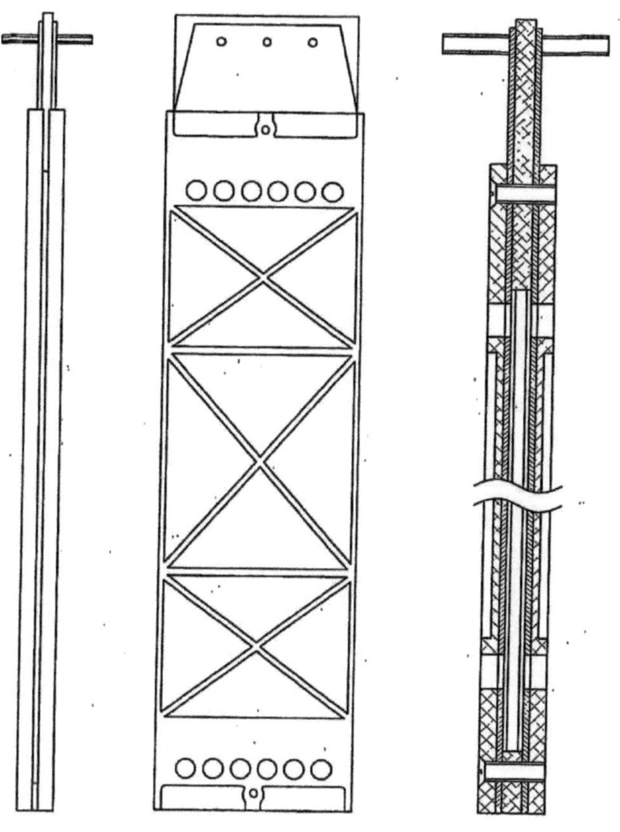

FIG. 10

A Fig. 10 é outra vista em perspetiva de duas cassetes de células de eléctrodos e do respetivo par de eléctrodos de carga oposta da presente invenção.

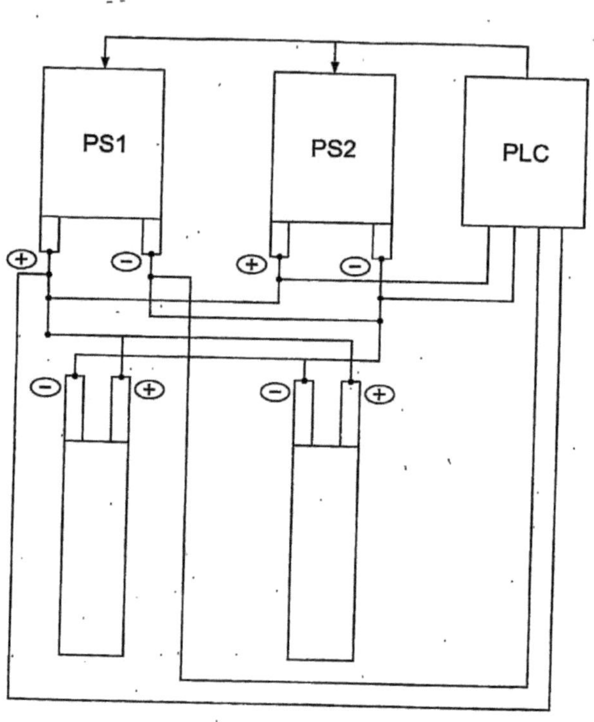

FIG. 18

A Fig. 18 é outro diagrama esquemático de fontes de alimentação ligadas em paralelo.

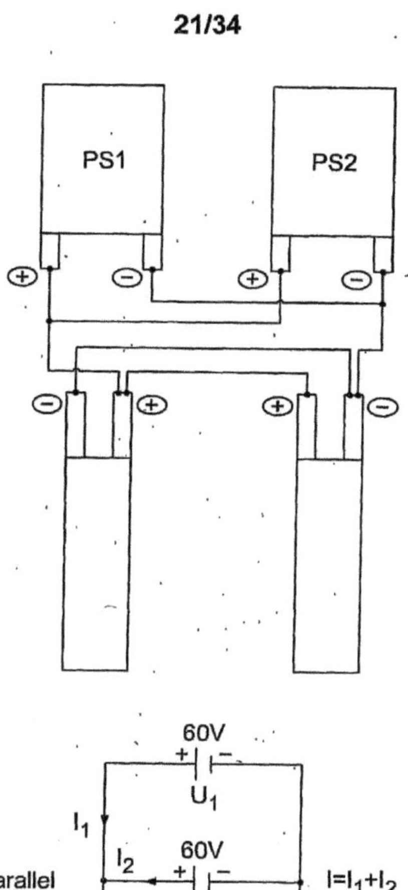

FIG. 19

A Fig. 19 é um diagrama esquemático de uma interface de placa de controlo da presente invenção.

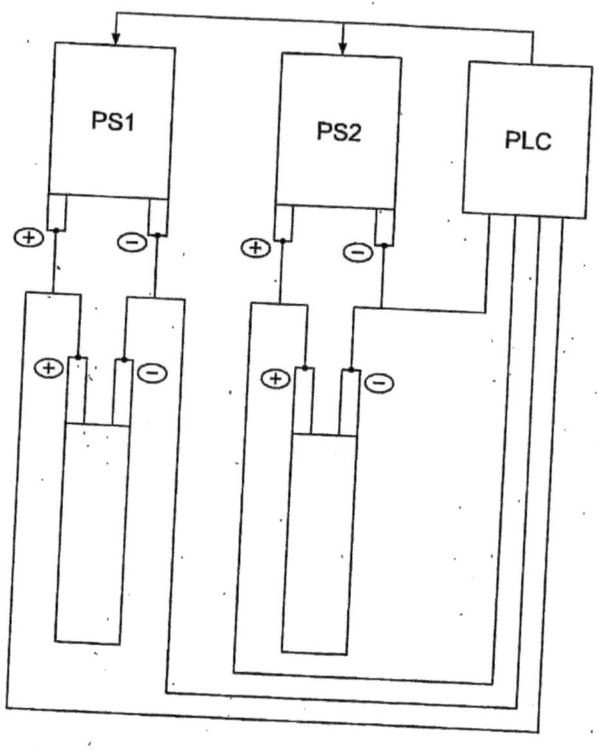

FIG. 20

A Fig. 20 é um diagrama esquemático de um sistema W2W da presente invenção. A Fig. 23 é um diagrama esquemático de um sistema W2W com um plano de recolha de amostras de água.

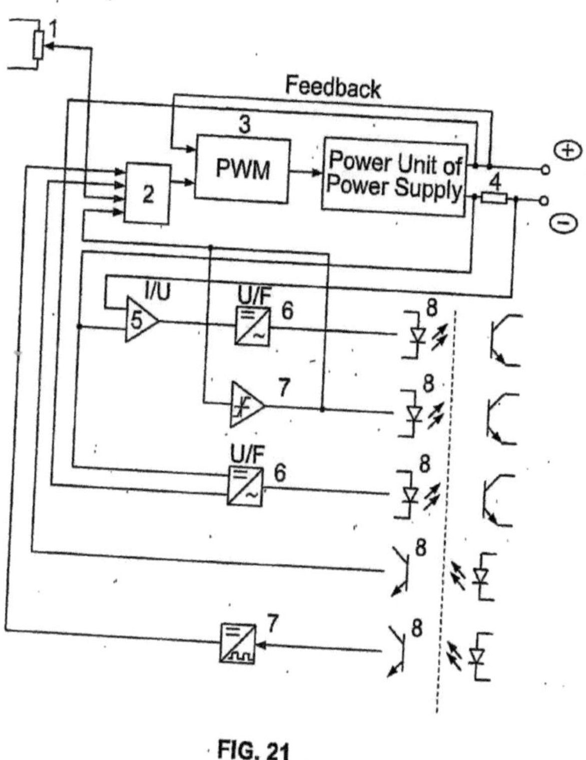

FIG. 21

Fig. 21. Brefers ot a tapping point for inspection of water coming out of the reator (katholyte), C refers to a tapping point for inspection of water coming out of the reator (anolyte), and D refers to a tapping point for inspection of water coming out of the W2W system.

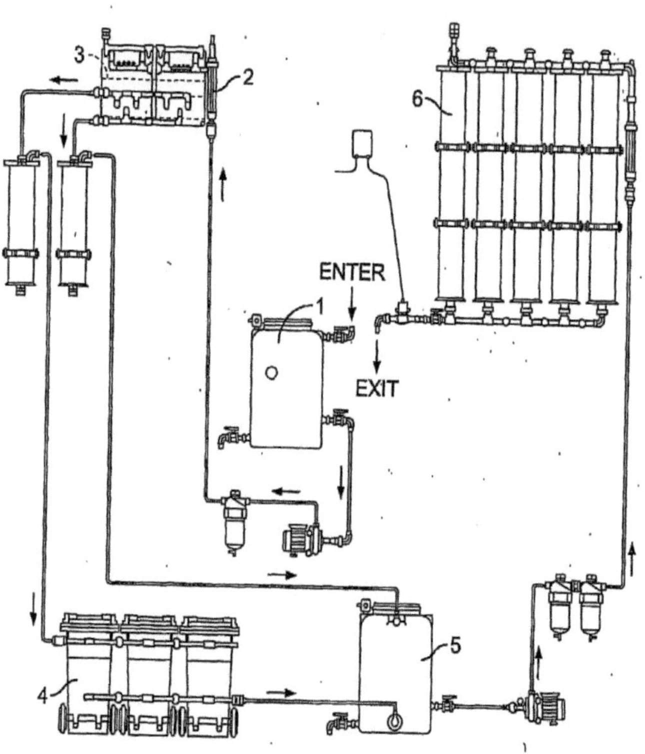

FIG. 22

A Fig. 22 é um diagrama esquemático de um sistema W2W com um percurso de fluxo de água indicado, em que 1 se refere a um reator eletroquímico, 2 se refere a recipientes de sedimentação, 3 se refere a um tanque tampão e 4 se refere a um tanque preliminar.

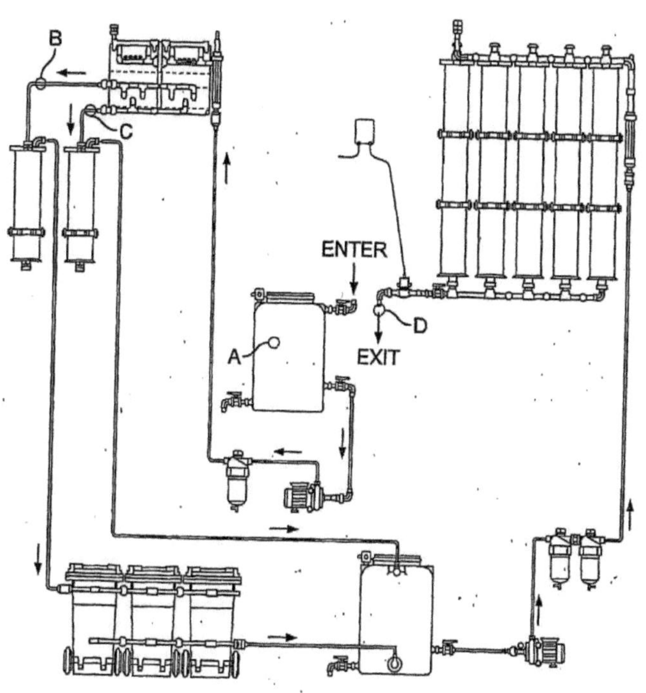

FIG. 23

A Fig. 23 é um diagrama esquemático de um sistema W2W com outro plano de amostragem de água, em que Refere-se a um ponto de tomada de água para inspeção da água incluída no sistema W2W, B refere-se a um ponto de tomada de água para inspeção da água incluída no reator, Cl refere-se a um ponto de tomada de água para inspeção da água que sai do reator (catolito), C2 refere-se a um ponto de tomada de água para inspeção da água que sai dos 3 filtros de 50 mícrones e dos recipientes de sedimentação, Dl refere-se a um ponto de tomada de água.

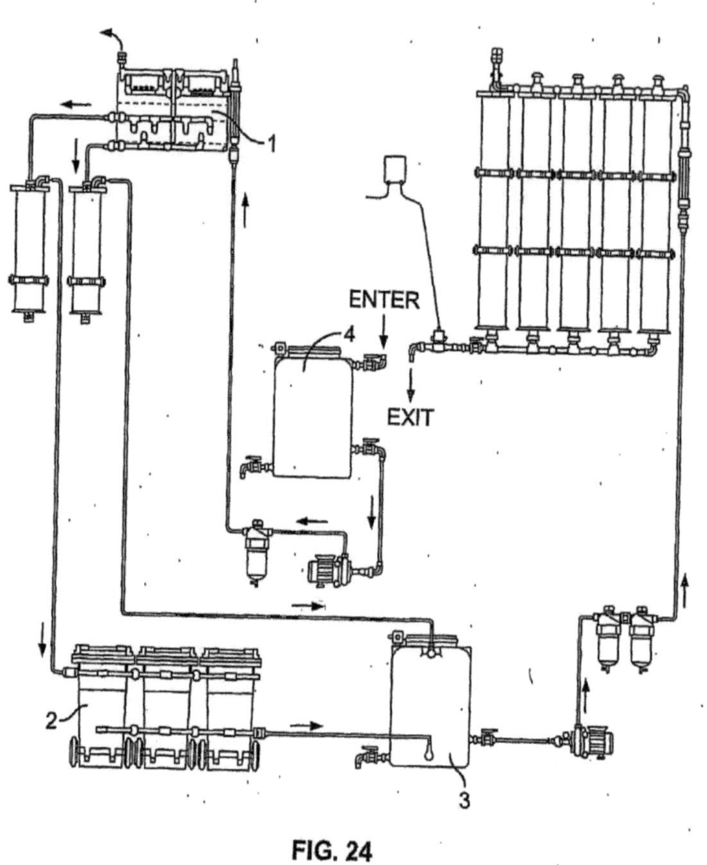

FIG. 24

A Fig. 24 é um diagrama esquemático de um sistema W2W com um percurso de fluxo de água indicado, em que 1 se refere a um reator eletroquímico, 2 se refere a recipientes de sedimentação, 3 se refere a um tanque tampão e 4 se refere a um tanque preliminar.

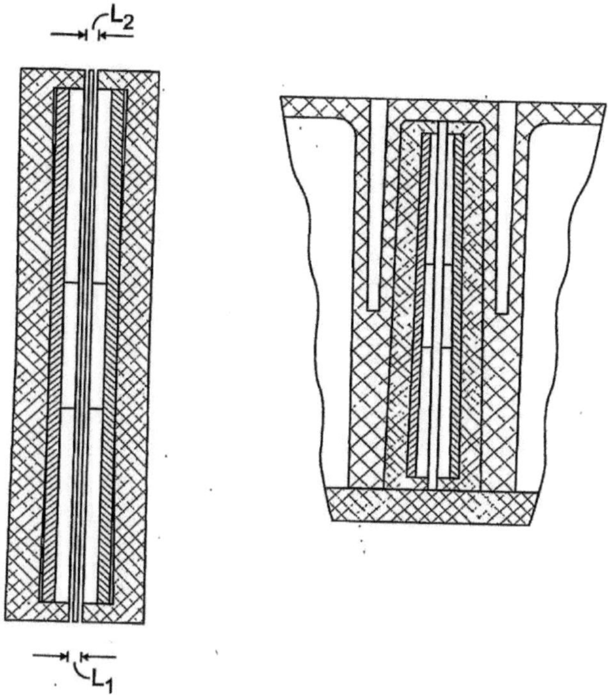

A Fig. 25 é um esquema geral de uma modalidade de um sistema W2W com fontes de alimentação automaticamente controláveis.

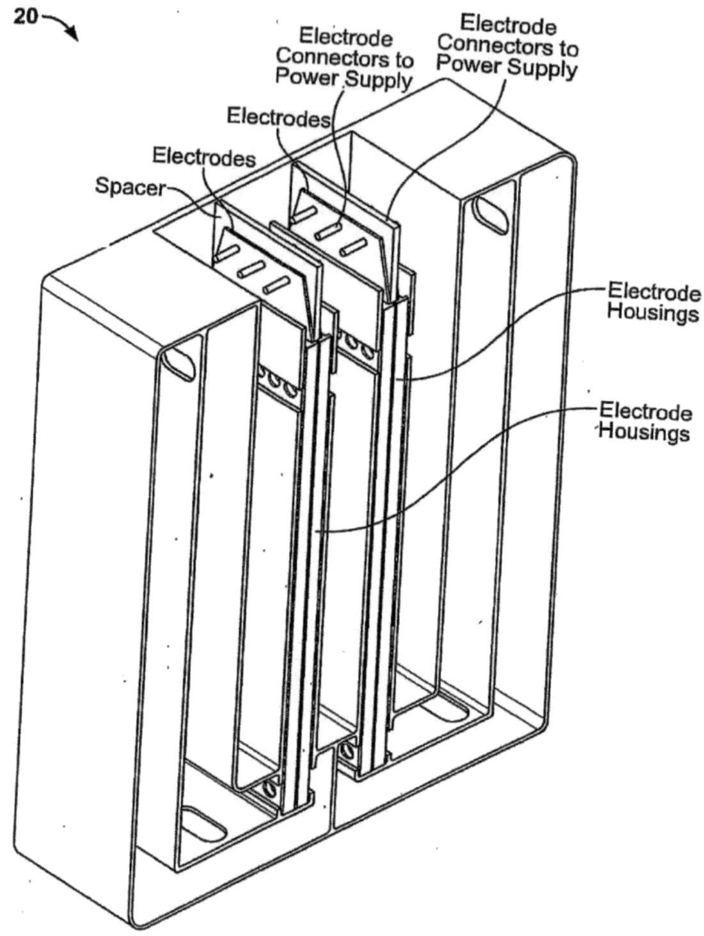

A Fig. 26 é outra vista em perspetiva de duas cassetes de células de eléctrodos e do respetivo par de eléctrodos de carga oposta da presente invenção.

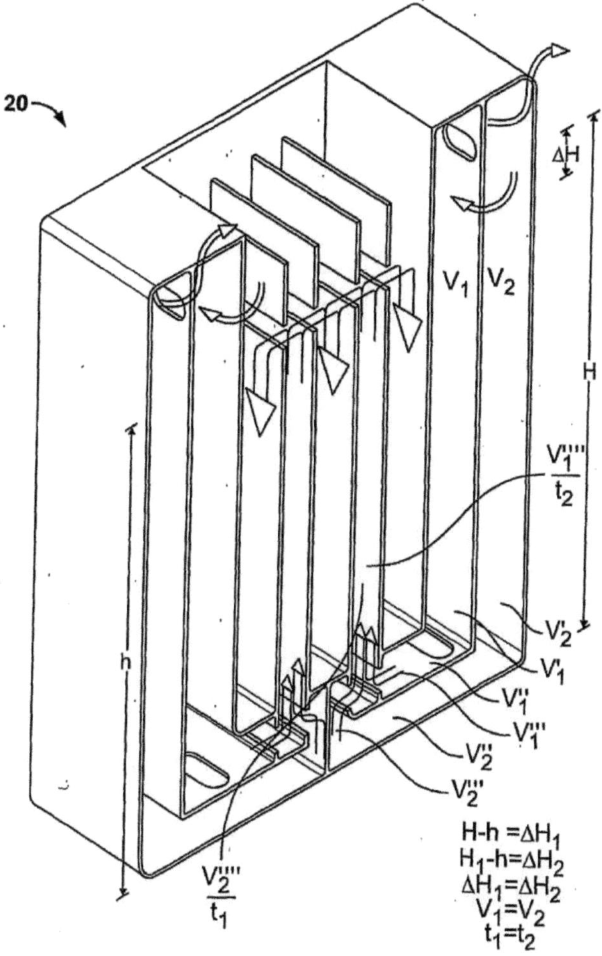

Fig. 27. Esquema geral de uma modalidade de um sistema W2W com fontes de alimentação automaticamente controláveis.

Sendo enviado para o controlador lógico programável (PLC) por uma pluralidade de sensores estrategicamente localizados que detectam vários parâmetros electroquímicos, hidrodinâmicos e eléctricos da água que flui através do reator eletroquímico (ECR) e da energia (tensão, corrente) gerada pelas unidades de alimentação (PSU) e fornecida ao reator eletroquímico (ECR).

Durante o processo de tratamento da água corrente, particularmente como parte de uma linha de produção automática ou de um processo de fabrico mais abrangente, o funcionamento sincronizado do reator eletroquímico (ECR) e do mecanismo da fonte de energia (ESM) está de acordo com um modo de sincronização "em estado estacionário", ou de acordo com um modo de sincronização "em estado não estacionário" ou "transitório". No modo de sincronização "em estado estacionário", a gama de valores de funcionamento dos parâmetros de saída (tensão, corrente) das unidades de alimentação interligadas (PSUs) permanece constante, normalmente com uma variação de cerca de (+ /)- 1%, de um ciclo de tratamento de água para outro ciclo de tratamento de água, durante um período de funcionamento em estado estacionário que dura um determinado período de tempo ou número de ciclos de tratamento de água, durante o qual a unidade de alimentação principal (m-PSU) funciona e é sincronizada com a(s) outra(s) unidade(s) de alimentação "escrava(s)" de forma constante ou estável.

No modo de sincronização "em estado não estacionário" ou "transitório", a gama de valores de funcionamento dos parâmetros de saída (tensão, corrente) das unidades de alimentação interligadas (PSU) varia, normalmente, em cerca de (+/-) 7-10 % da gama em estado estacionário, durante um período transitório de funcionamento que dura um período de tempo relativamente curto, tipicamente, da ordem de menos de um segundo, durante o qual a fonte de alimentação principal (m-PSU) funciona e é sincronizada com a(s) outra(s) fonte(s) de alimentação "escrava(s)" num estado não estacionário ou transitório, até que haja um rápido regresso a um modo de sincronização em estado estacionário.

Normalmente, por exemplo, durante pelo menos cerca de 90% do tempo total de funcionamento, o reator eletroquímico (ECR) e o mecanismo da fonte de energia (ESM) operam no estado estacionário, em vez de num estado não estacionário ou transitório, modo de sincronização.

Em vários momentos instantâneos durante a parte restante do tempo total de funcionamento, controlável ou não controlável, ocorrem situações ou casos em que há uma transição espontânea ou instantânea de um estado estacionário para um estado não estacionário ou modo transitório de funcionamento sincronizado. Um exemplo deste fenómeno é a situação em que a água que flui para o reator eletroquímico (ECR) pára subitamente de fluir durante um período de tempo relativamente curto, mas finito. Outros exemplos deste fenómeno são as situações em que um ou mais parâmetros (condutividade, velocidade linear, caudal volumétrico, concentrações químicas, temperatura e respectivos gradientes) da água que atravessa e é tratada no reator eletroquímico (ECR) sofrem "picos" súbitos, sob a forma de aumento ou diminuição. Por conseguinte, o reator eletroquímico (ECR) e o mecanismo da fonte de energia (ESM) são concebidos e operados com oobjetivo de se adaptarem rapidamente a condições de funcionamento constantes e variáveis, em que uma transição espontânea ou instantânea de um modo de estado estacionário para um modo não estacionário ou transitório, e o regresso a um modo de estado estacionário, de funcionamento sincronizado, ocorre em menos de 1 segundo.

O modo de funcionamento sincronizado em estado estacionário das unidades de alimentação (PSUs) do mecanismo de fornecimento de energia (ESM), bem como do reator eletroquímico (ECR), baseia-se numa simetria dinâmica da estrutura, função e funcionamento do reator eletroquímico (ECR). A seguir são apresentados os principais parâmetros que definem as propriedades, caraterísticas e comportamento desta simetria dinâmica:

-Equivalência estrutural e funcional, uniformidade e simetria de todos os componentes e elementos do reator eletroquímico (ECR), em particular, das células de eléctrodos e dos eléctrodos nelas contidos, e dos canais de fluxo de água dentro e fora das células de eléctrodos. Em especial, numa dada configuração e estrutura do reator eletroquímico (ECR), cada célula de eléctrodos tem uma estrutura e configuração idênticas. Mais especificamente, no que diz respeito aos eléctrodos, de modo a que a (i) forma geométrica e dimensões, (ii) material ou materiais de construção e (iii) propriedades físico-químicas, caraterísticas e comportamento do ânodo de um primeiro par de eléctrodos ânodo-cátodo sejam tão idênticos quanto possível aos do ânodo de cada outro par ânodo-cátodo na mesma célula de eléctrodos, para cada uma e todas as células de eléctrodos no mesmo reator eletroquímico (ECR). O mesmo se aplica ao cátodo de cada par ânodo-cátodo no mesmo reator eletroquímico:

-Funcionamento estático e dinâmico equivalente, uniforme e simétrico de todos os componentes e elementos do reator eletroquímico (ECR), em especial as células de eléctrodos e os eléctrodos nelas contidos, bem como os canais de fluxo de água no interior e no exterior das células de eléctrodos.

--Funcionamento equivalente, uniforme e simétrico dos mecanismos electroquímicos, de eletrocoagulação e hidrodinâmicos que ocorrem nos canais dentro e fora das células de eléctrodos, no interior do reator eletroquímico 30 (ECR).

-Calibração equivalente, uniforme e simétrica de todos os componentes e elementos do reator eletroquímico (ECR), em especial as células de eléctrodos e os eléctrodos nelas contidos, bem como os canais de fluxo de água no interior e no exterior das células de eléctrodos.

(ECR). Note-se que as caraterísticas acima referidas (i), (ii) e (iii) de um determinado cátodo podem, mas não têm de ser idênticas às do ânodo do par ânodo-cátodo. Numa aplicação típica da presente invenção, as caraterísticas (i), (ii) e (iji) de um determinado cátodo são diferentes das do ânodo do par ânodo-cátodo.

Reator eletroquímico (ECR). Especificamente, no que se refere às cargas eléctricas nas e ao longo das superfícies dos eléctrodos, e no que se refere aos parâmetros (condutividade, velocidade linear, caudal volumétrico, concentrações químicas, temperatura e respectivos gradientes) da água em fluxo e dos componentes nela contidos, ao longo do fluxo de água.

Um conjunto de parâmetros de simetria dinâmica relativos a vários modos de funcionamento possíveis, não estacionários ou transitórios, dos mecanismos electroquímicos, de eletrocoagulação e hidrodinâmicos que ocorrem no interior do reator eletroquímico (ECR), ou seja, estados que não têm uma necessidade de energia predeterminada ou conhecida, e cuja extensão é determinada por uma gama variável de valores dos parâmetros (condutividade, velocidade linear, caudal volumétrico, concentrações químicas, temperatura e respectivos gradientes) da água que atravessa e é tratada no interior do reator eletroquímico (ECR).

Sincronização hidrodinâmica.

As Figs. 2' e 3' são ligeiras revisões das Figs. 2 e 3, respetivamente.

Durante o funcionamento do reator eletroquímico (ECR), o estabelecimento e a manutenção da sincronização hidrodinâmica destinam-se a alcançar os seguintes objectivos

1. Uniformidade e controlo do estado estacionário de cada um dos vários fluxos de entrada e saída da água através do reator eletroquímico (ECR), durante cada ciclo de tratamento da água.

2. Uniformidade e controlo em estado estacionário do nível mínimo de consumo de energia pelo reator eletroquímico (ECR) dos vários fluxos de entrada e saída da água através do reator eletroquímico (ECR), durante cada ciclo de tratamento da água.

3. Uniformidade e controlo em estado estacionário do nível máximo de consumo de energia pelo reator eletroquímico (ECR) dos vários fluxos de entrada e saída da água através do reator eletroquímico (ECR), durante cada ciclo de tratamento da água.

Em seguida, são enumeradas as principais caraterísticas, caraterísticas, condições e parâmetros de funcionamento da sincronização hidrodinâmica da água que atravessa e é tratada no interior do reator eletroquímico (ECR).

-Vários caudais paralelos de solução aquosa, em subida vertical e contínua, idênticos no que respeita a todos os parâmetros geométricos e dimensões.

-Cada fluxo é dirigido verticalmente e limitado pelas superfícies funcionalmente activas dos eléctrodos. De preferência, os eléctrodos são configurados como rectangulares, relativamente planos e paralelos entre si, mas também podem ser configurados como cilíndricos e coaxiais entre si.

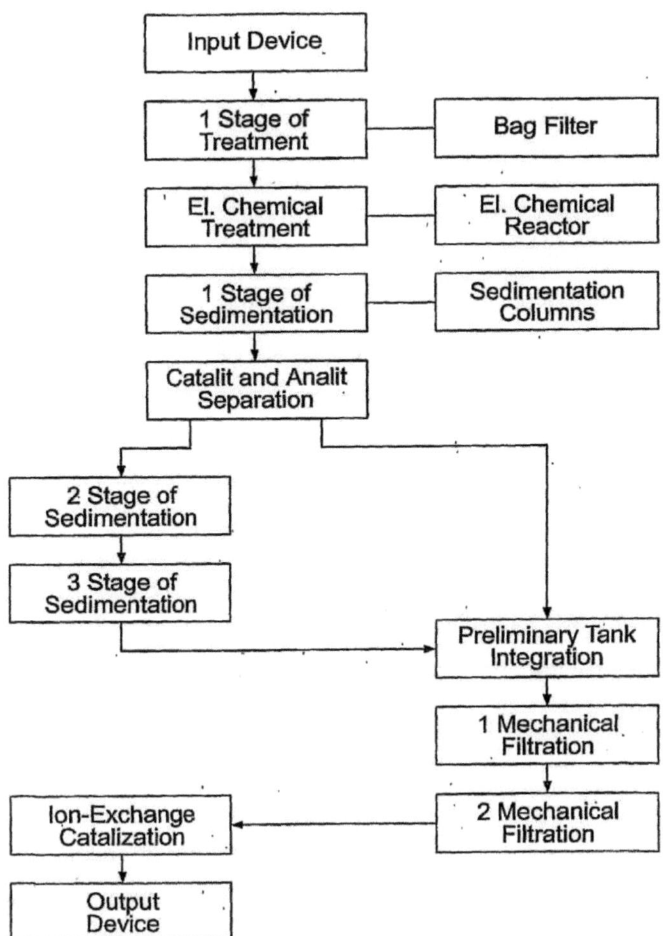

Desenho. Esquema

Dois eléctrodos em qualquer célula de eléctrodos são inteiramente idênticos no que diz respeito a todos os parâmetros geométricos e dimensões, e as suas superfícies funcionalmente activas são como imagens espelhadas um do outro.

-Os eléctrodos são permeáveis ao fluxo de solução aquosa na entrada e na saída do espaço intereléctrodos.

-A natureza da interação dos vários fluxos de entrada e saída de água com as superfícies funcionalmente activas dos eléctrodos, incluindo a resistência hidráulica local , é idêntica para todos os pontos homólogos de todos os fluxos. resistência hidráulica local, é idêntica para todos os pontos homólogos em todos os caudais.

-Em cada célula de eléctrodos, dois fluxos da solução aquosa, separados por uma camada móvel intermédia (IB, e IB2), passam no espaço entre os dois eléctrodos, como mostra a Fig. 26.

-A espessura da camada intermédia móvel (IB e IB2) depende das propriedades físico-químicas, das caraterísticas e do comportamento da água corrente. Em particular, a viscosidade; a temperatura; o nível de acidez ou alcalinidade; a presença de substâncias químicas inorgânicas, orgânicas e/ou biológicas e/ou complexos químicos (tais como complexos metálicos); a presença de compostos organo-metálicos do tipo crómio (que são geralmente especialmente difíceis de tratar); a dureza; e a condutividade eléctrica. A espessura depende também das propriedades físico-químicas, das caraterísticas, do comportamento, da qualidade e da geometria da superfície funcionalmente ativa dos eléctrodos.

Seguem-se outras condições e parâmetros (hidrodinâmicos) da água corrente e a base física destes parâmetros:

1. Velocidade linear, V, da água verticalmente ascendente que flui entre o espaço inter-electrodos, em unidades de mm/seg:

é a área da secção transversal do espaço inter-electrodos, como se mostra na Fig. 26.

2. Duração, t, do ciclo de tratamento da água, em unidades de segundos:

t= L1 /V, = L2/ V2, em que L é o comprimento da superfície funcionalmente ativa de um dado elétrodo, como se mostra na Fig. 26.

3. Diferença de altura, AH, entre os canais de alimentação ou de entrada e a zona permeável dos eléctrodos na área de saída (descarga):

H - AH = h, e H + AH = H, como mostram as Figs. 2' e 3'.

4. Grau de preenchimento do volume de todos os canais desde a entrada até à saída do espaço inter-electrodos. Com base na utilização da pressão interna, denotada por P. Para uma pressão de 44

V, = V2 = [F, caudal volumétrico (ml/seg.)]/ [AS;(mm?) ,] em que AS; sincronização puramente hidrodinâmica, num único reator eletroquímico (ECR), em que o reator inclui dois (2) pares de eléctrodos e quatro (4) fluxos paralelos de água.

Então, em qualquer instante de tempo, e em qualquer ponto homólogo, observam-se as seguintes condições (Fig. 26):

V1 = V2 = V3 =V4 (para os quatro caudais, em qualquer ponto do escoamento), t, =2t =3t =41 (para os quatro caudais, em qualquer ponto do escoamento, a partir do

ponto de entrada no espaço inter-electrodos),

ДН, =ДН 2 =ДН 3 =H4 (para os quatro

fluxos), e

P, =P2=P3 =P4 (para qualquer ponto idêntico no interior do volume de qualquer um dos quatro fluxos).

5. Todos os fluxos são sincronizados hidrodinamicamente. A sincronização hidrodinâmica é conseguida através de uma conceção adequada do invólucro ou da caixa do reator eletroquímico (ECR). Como se mostra nas Figs. 2' e 3', o labirinto em forma de menorá divide automaticamente o fluxo de entrada com caudal F em dois fluxos idênticos iguais com caudais Fy e F2, que são ainda divididos por meio dos canais A, B, C e D (Fig. 2') em quatro fluxos idênticos

com caudais F1-1, F-2.

Sincronização electro-hidrodinâmica A seguir são enumeradas as principais caraterísticas, caraterísticas, condições e parâmetros de funcionamento da sincronização electro-hidrodinâmica da água que atravessa e é tratada no interior do reator eletroquímico (ECR).

-Cada célula de eléctrodos tem uma estrutura e configuração idênticas. Mais especificamente, no que diz respeito aos eléctrodos, de modo a que a (i) forma geométrica e dimensões, (ii) material ou materiais de construção e (iii) propriedades físico-químicas, caraterísticas e comportamento do ânodo de um primeiro par de eléctrodos ânodo-cátodo sejam tão idênticos quanto possível aos do ânodo de cada outro par ânodo-cátodo na mesma célula de eléctrodos, para cada uma e todas as células de eléctrodos no mesmo reator eletroquímico (ECR). O mesmo se aplica ao cátodo de cada par ânodo-cátodo no mesmo reator eletroquímico (ECR). As caraterísticas acima referidas 30 (i), (ii) e (iri) de um dado cátodo podem, mas não têm de ser idênticas às do ânodo do par ânodo-cátodo. Numa aplicação típica da presente invenção, as caraterísticas acima referidas (i), (ii) e (iii) de um determinado cátodo são diferentes das do ânodo do par ânodo-cátodo. Assim sendo:

ll como os eléctrodos são feitos dos mesmos materiais).

-Os eléctrodos semelhantes a Al têm a mesma área de secção transversal.

-Distância idêntica entre pares de eléctrodos opostos no mesmo reator eletroquímico (ECR) ligado às unidades de alimentação (PSU) do mecanismo de fornecimento de energia (ESM).

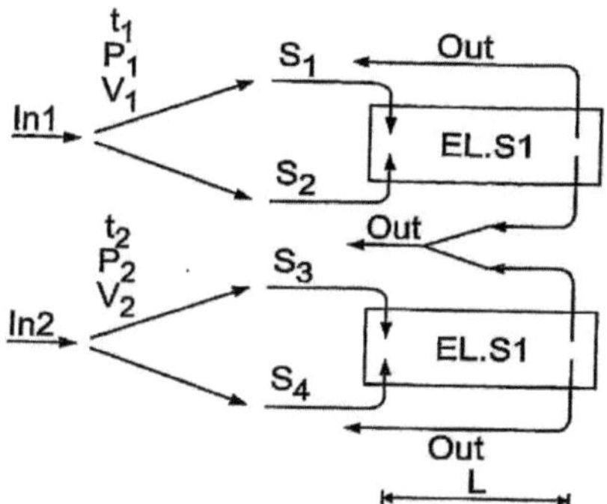

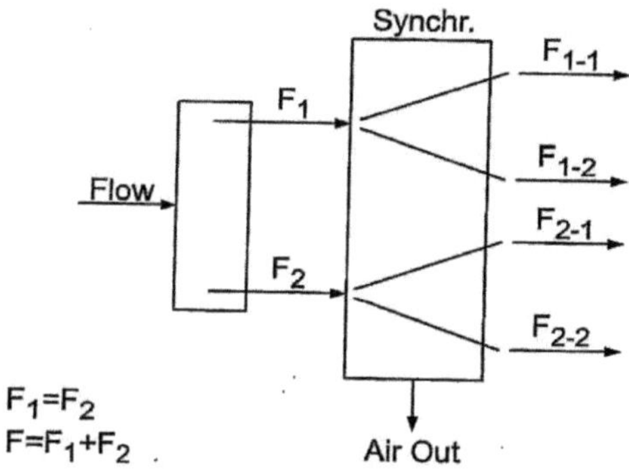

FIG. 1

A Fig. 1 é uma representação esquemática do movimento de correntes de água impura e da sua sincronização.

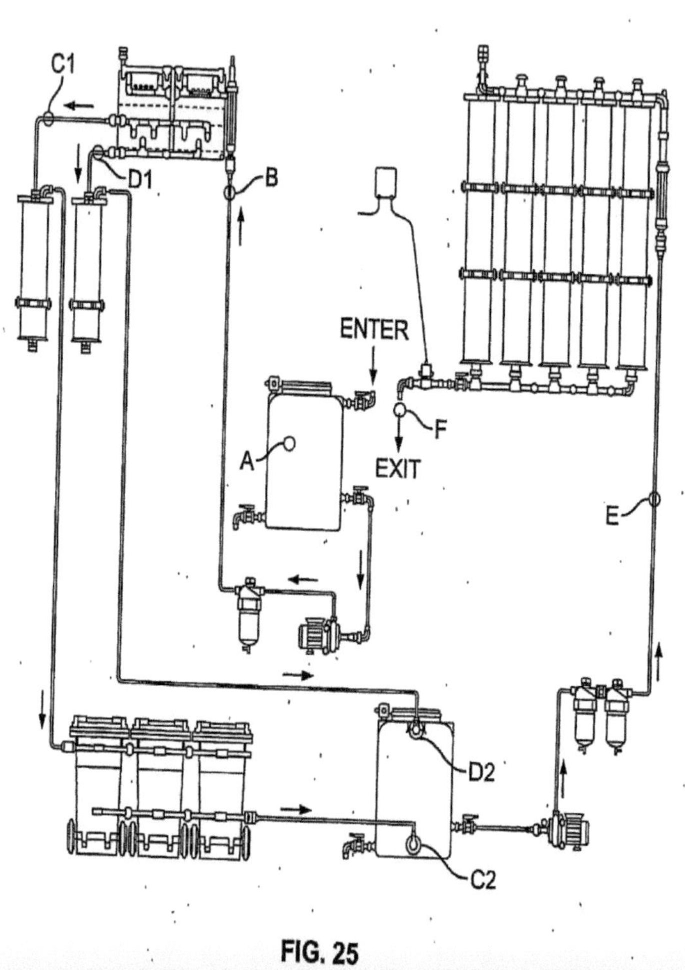

FIG. 25

A Fig. 25 é um diagrama esquemático de um sistema W2W com outro plano de amostragem de água, no qual se refere a um ponto de tomada de água para inspeção da água incluída no sistema W2W.

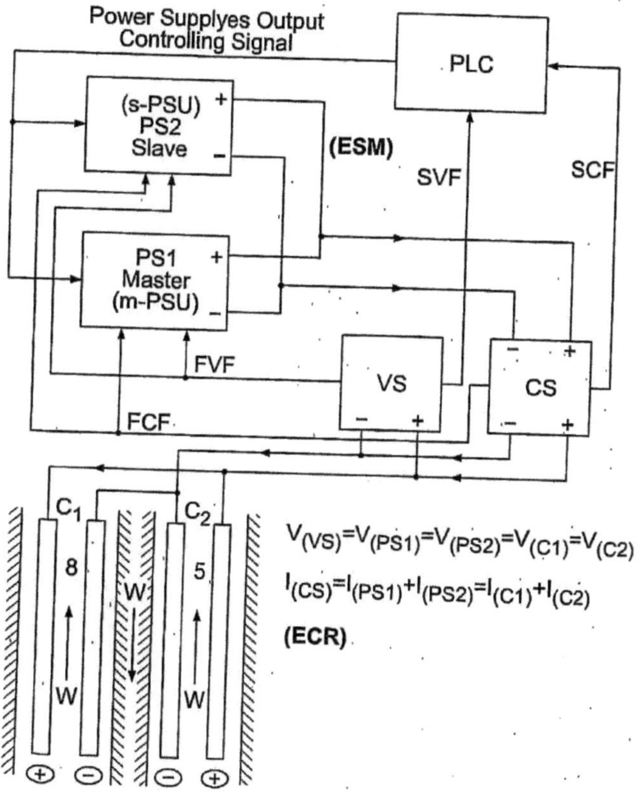

Desenho. Esquema

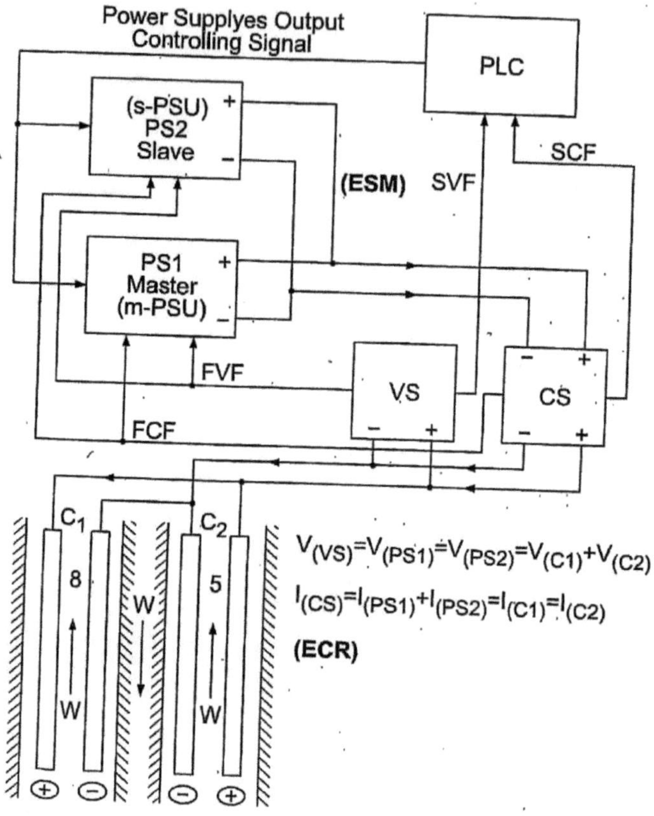

A Fig. 28 é outro diagrama esquemático de fontes de alimentação ligadas em paralelo.

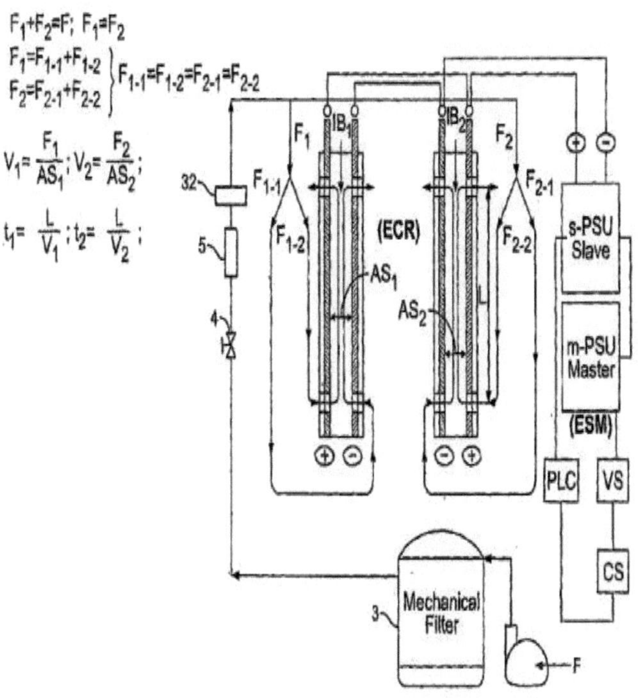

A Fig. 29 é um diagrama esquemático de fontes de alimentação ligadas em pseudo-paralelo.

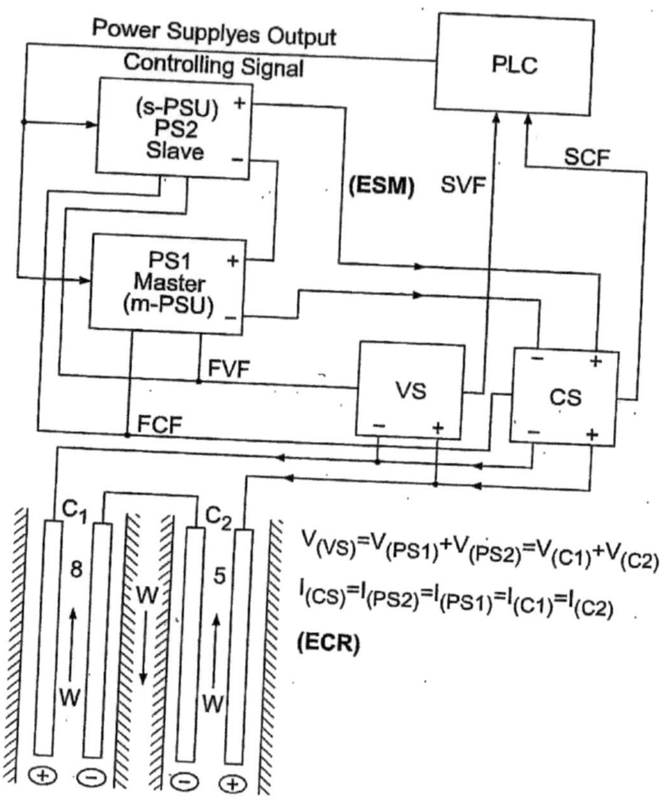

Fig. 30 Saída das fontes de alimentação.

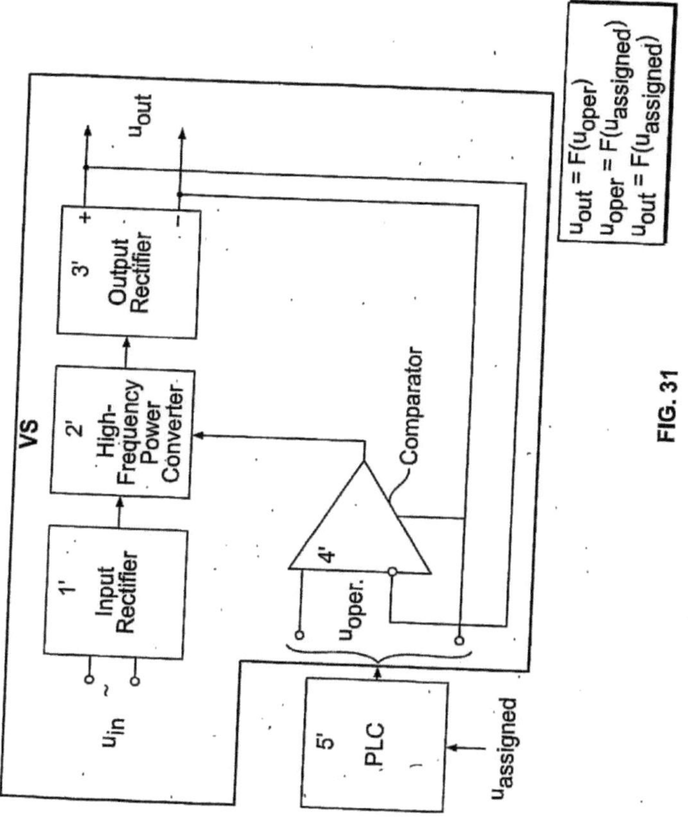

Fig. 31. Trata-se de um diagrama esquemático de uma interface do painel de controlo da presente invenção.

-Todos os eléctrodos têm uma distância idêntica entre a entrada e a saída.

-O comprimento dos condutores que formam as ligações ou contactos eléctricos entre as unidades de alimentação (PSU) e os eléctrodos é o mesmo para todos os eléctrodos ou pares de eléctrodos.

Os mecanismos de fornecimento de energia (ESM) funcionam de acordo com uma sincronização electro-hidrodinâmica integrada.

Exemplo:

Solução de água corrente contendo ~57,6 mg/1 de Cu e Cu como parte de CuSO4, com pH = 6,5.

-Todos os eléctrodos semelhantes têm uma área de secção transversal e uma resistência específica idênticas. - A mesma natureza das ligações ou contactos eléctricos para todos os eléctrodos semelhantes.

Com todas as caraterísticas, particularidades, condições e parâmetros de funcionamento acima enumerados, e desde que a condutividade eléctrica instantânea dos quatro fluxos de água seja idêntica, o reator eletroquímico (ECR) e o reator eletroquímico (ECR) com duas cassetes, cada cassete com dois eléctrodos, sendo o ânodo de alumínio (Al) com uma espessura de 2 mm e o cátodo de aço inoxidável com uma espessura de 2 mm; a distância entre os eléctrodos é de 6 mm e a superfície funcionalmente ativa = 3dm.

Taxa de consumo necessária: 750 1/h. Para um elétrodo: 187,5 1/h. Para um elétrodo por 1 seg. = 0,052 1/h.

Para um elétrodo, a área da secção transversal, AS, =AS (Fig. 26) = 3 m (metade da distância entre eléctrodos) x 10 m (largura de cada elétrodo) = 300 mm?

Velocidade linear do fluxo de água verticalmente ascendente: V= 52.000 mm' / s: 30mm? =173,3mm/s.

Duração do ciclo de tratamento da água: t = 300: 173 = 1,73 s.

Estes parâmetros são sincronizados para os quatro eléctrodos e para todos os quatro fluxos (Fig. 26).

Condutividade da solução de água de entrada:

1600 us. Dureza da solução de água de entrada

~ 200 mg/.

Como se mostra na Fig. 26, os eléctrodos e as duas unidades de alimentação (m-PSU e -s PSU) estão ligados em paralelo. Os parâmetros da fonte de alimentação principal (m-PSU) estão definidos para 60 V e 50 A (máx.). O débito da bomba é de 3 ml / h. A bomba está ligada e o caudal de água está regulado para 0,75 m' / h. O sensor de caudal

(32) está definido para o limite inferior de 500 1/ h.

Os parâmetros de tensão e corrente da fonte de alimentação principal (m-PSU) são definidos de acordo com o feedback automático, com valores de 46 V e 41 A, respetivamente. O controlador lógico programável (PLC) sincroniza estes parâmetros da fonte de alimentação principal com a fonte de alimentação secundária (s-PSU). Com base na ligação em paralelo das fontes de alimentação mestre e escrava (m-PSU e s-PSU), um elétrodo recebe 4 1 x 2 = 8 2 A: 4 = 2 0 . 5 A, com uma densidade de corrente de 2 0 . 5 A p e r 3 d m ' = 6 . 8 3 A / a m ? A densidade de corrente no ânodo é de 683 A/m? A gama de variação da corrente é de ~39 - 42 A.

O controlador lógico programável (PLC) sincroniza as unidades de alimentação mestre e escrava (m-PSU e s-PSU) com estes parâmetros no espaço de 0,1 segundos, de modo a que a diferença de corrente entre as unidades de alimentação mestre e escrava não exceda 0,1 A.

Capacidade de tratamento de água

Capacidade geral: 82 Ax46 V= 3772

Watt Capacidade por elétrodo: 943

Watt

Capacidade por dm' de superfície do elétrodo: 314,3

Watt. WO 2005/001164 PCT/US2004/016628

A capacidade dos quatro eléctrodos está sincronizada com uma gama de variação de ‡ 7,1% dos valores em estado estacionário.

Resultado: Entrada: 57,5 mg/l Cu. Saída: cátodo - 0,23 mg/1 Cu.

O funcionamento sincronizado evita que processos electroquímicos secundários

que ocorre durante o tempo em que a solução aquosa flui no inter-electrodo espaço. A caraterística dos processos electroquímicos secundários é a intensa geração de gás(es). A operação sincronizada do reator ELETROQUÍMICO (ECR) e do mecanismo de fornecimento de energia (ESM) TAMBÉM estabiliza a dinâmica das reações eletroquímicas elementares, evitando assim a quebra de simetria das moléculas na solução de água em fluxo, como o processo de dissociação assimétrica do tipo: H2O →OH + 1/2H2 (g). Hidráulica do Invólucro (Carcaça) do Reator Eletroquímico (ECR) A seguir estão listadas as principais caraterísticas, caraterísticas, condições e funcionamento parâmetros, do sistema hidráulico do invólucro (caixa) do sistema eletroquímico

(ECR), com referência às Figs. 26, 2' e 3'.

-Dois sistemas de canais equivalentes simetricamente idênticos de canais verticais de entrada (alimentação) e de saída (descarga).

-Nos pontos de confluência das entradas dos canais de adução e das saídas dos canais de descarga, especialmente nas figuras 2' e 3', existe uma câmara de tratamento de água geométrica vertical de tipo "prismático". Esta câmara de tratamento de água está hidraulicamente ligada a canais de alimentação na sua parte inferior e a canais de descarga na sua parte superior.

-Todos os canais de alimentação têm uma área de secção transversal idêntica em pontos homólogos.

-Todos os canais de descarga têm uma área de secção transversal idêntica em pontos homólogos.

-Em cada sistema de canais, os canais de alimentação são colocados de um lado da câmara vertical de tratamento de água, os canais são adjacentes e têm uma parede divisória comum com aberturas nas partes inferior e superior que comunicam com os canais. Na parte inferior do invólucro do reator eletroquímico, os dois sistemas de canais estão separados ao longo do eixo de simetria por uma parede, de modo que a parede tem uma abertura estabilizadora e niveladora que liga os sistemas de canais e o diâmetro da abertura é significativamente menor do que a secção transversal dos canais de alimentação.

Descrição pormenorizada da sincronização electro-hidrodinâmica.

Durante o funcionamento normal, cada um dos parâmetros operacionais (tensão, corrente e potência) gerados pelo mecanismo de fornecimento de energia (ESM) e fornecidos ao

O funcionamento sincronizado do ESM - ECR é uma consequência direta do tratamento da água através das reacções electroquímicas que ocorrem no interior das câmaras de trabalho do reator eletroquímico (ECR). O objetivo geral do funcionamento sincronizado do ESM - ECR é fornecer e manter, de forma estável, uma elevada qualidade da água tratada que sai do reator eletroquímico (ECR). Isto é conseguido através de um elevado controlo e regulação, de forma sincronizada, dos parâmetros de funcionamento elétrico de tensão, corrente e potência, e respectivas variações, gerados pelo mecanismo de fornecimento de energia (ESM) e fornecidos ao reator eletroquímico (ECR), durante o ciclo de tratamento da água.

As Figs. 27 - 30 são diagramas esquemáticos que ilustram, cada um deles, uma modalidade exemplar específica e preferida da configuração (paralela ou em série) das ligações eléctricas das unidades de alimentação (PSUs: unidade de alimentação principal (mPSU) e unidade de alimentação secundária (s-PSU) do mecanismo de fornecimento de energia (ESM), em relação a uma diferente modalidade exemplar específica preferida da configuração (paralela ou em série) da ligação eléctrica dos dois eléctrodos em cada cartucho ou célula de eléctrodos (C1) e (C2) posicionados numa câmara de trabalho correspondente 8 e 5, respetivamente, do reator eletroquímico (ECR), necessária para o funcionamento sincronizado.

Em cada uma das Figs. 27 - 30, os termos "FVF", "SVE", "FCF" e "SCF" referem-se à realimentação rápida da tensão, à realimentação lenta da tensão, à realimentação rápida da corrente e à realimentação lenta da corrente, respetivamente. Cada um destes termos é descrito de forma apropriada abaixo, quando se descreve a estrutura (configuração eléctrica), a função e o funcionamento sincronizado do mecanismo de fornecimento de energia (ESM). Adicionalmente, em cada uma das Figs. 27-30, a letra "w" acompanhada por uma seta indica a direção da água que flui através do espaço inter-electrodos em cada câmara de trabalho 8 e 5, ou através do espaço inter-electrodos do reator eletroquímico (ECR).

As figuras 31 e 32 são diagramas esquemáticos que ilustram uma forma de realização preferida exemplar do sensor de tensão (VS), a seguir designado por sensor/estabilizador de tensão (VS), e do sensor de corrente (CS), a seguir designado por sensor/estabilizador de corrente (CS), respetivamente, e a relação "funcional" de cada um deles com o controlador lógico programável (PLC), do mecanismo de fornecimento de energia (ESM) das figuras 27 a 30.

Incluídas em cada uma das Figs. 27 - 30, estão as equações que relacionam a tensão, V(vs), detectada pelo sensor/estabilizador de tensão (VS), com as tensões, V(ps1), V(ps2), V(c1) e V(c2), das unidades de alimentação eléctrica (PSUs: unidade de alimentação principal (m-PSU ou ps1) e unidade de alimentação secundária (sPSU ou ps2), respetivamente) do mecanismo de fornecimento de energia (ESM) e das células de eléctrodos ((C1) e (C2), respetivamente) do reator eletroquímico (ECR), respetivamente, durante o funcionamento sincronizado. Também estão incluídas em cada uma das Figs. 27 -30, estão as equações que relacionam a corrente, Ics), detectada pelo sensor/estabilizador de corrente (CS), com a corrente, I(ps1), I(ps2), I(cl), e I(c2), das unidades de alimentação (PSUs: unidade de alimentação principal (m-PSU ou ps1) e unidade de alimentação secundária (s-PSU ou ps2), respetivamente) do mecanismo de fornecimento de energia (ESM), e das células de eléctrodos ((C1) e (C2), respetivamente) do reator eletroquímico (ECR), respetivamente, durante o funcionamento sincronizado.

O mecanismo de fornecimento de energia (ESM), através do controlador lógico programável (PLC) que controla automaticamente a unidade mestre de fornecimento de energia (m-PSU) para operar e sincronizar com a(s) unidade(s) escrava(s) de fornecimento de energia (s- PSU ou s-PSUs, respetivamente), opera de acordo com três critérios sincronizáveis, associados ao funcionamento do reator eletroquímico (ECR), para estabelecer, manter e, quando apropriado, restabelecer um modo de funcionamento sincronizado em estado estacionário:

1. Carga máxima acumulada (potencial) na superfície funcional ativa de cada elétrodo em relação à condutividade instantânea da água que atravessa e é tratada no interior do reator eletroquímico (ECR).

2. Densidade máxima de corrente na superfície funcional ativa de cada elétrodo em relação à condutividade instantânea da água que atravessa e é tratada no interior do reator eletroquímico (ECR).

Utilização máxima da área da superfície funcional ativa de cada elétrodo, mantendo os valores máximos de densidade de corrente.

Assim, o principal objetivo do funcionamento sincronizado estável e integrado é maximizar a utilização e, por conseguinte, a eficiência da energia gerada pelo mecanismo de fornecimento de energia (ESM) e fornecida ao reator eletroquímico (ECR), em particular, às células de eléctrodos e aos eléctrodos nele contidos, para tratar a água corrente.

Isto é conseguido através da maximização da utilização da capacidade ativa de todas as unidades de alimentação (PSUs), enquanto se alteram continuamente os valores dos parâmetros (condutividade, velocidade linear, caudal volumétrico, concentrações químicas, temperatura e respectivos gradientes) da água que atravessa e é tratada no interior do reator eletroquímico (ECR). Deste modo, após um tempo de residência mínimo da água que atravessa e é tratada no interior do reator eletroquímico (ECR), obtêm-se concentrações máximas de oxidantes e coagulantes na água tratada que sai do reator eletroquímico (ECR).

Para implementar o modo de sincronização em estado estacionário e em estado não estacionário ou transiente acima descrito, a fonte de alimentação principal (m-PSU) funciona como parte de um circuito de retorno, como se mostra nas Figs. 27-30, recebendo instruções do controlador lógico programável (PLC). O resultado deste processo de feedback é a obtenção de condições de funcionamento caracterizadas por uma tensão estável e uma corrente estável geradas pelas unidades de alimentação principal e secundária (m-PSU e s-PSU) e fornecidas ao reator eletroquímico (ECR), enquanto a água flui e é tratada no interior do reator eletroquímico (ECR).

Através de informações de feedback continuamente fornecidas pelo controlador lógico programável (PLC), a unidade de alimentação principal (m-PSU) reage instantaneamente a alterações na resistência eléctrica total definida pela combinação de (i) a resistência eléctrica dos fios eléctricos que ligam as unidades de alimentação (PSUs) aos eléctrodos no reator eletroquímico (ECR), (ii) a resistência eléctrica dos eléctrodos do reator eletroquímico (ECR) e (iii) a resistência eléctrica, sob a forma de condutividade, da água que atravessa e é tratada no interior do reator eletroquímico (ECR).

Com referência às Figs. 27 - 32, a fonte de alimentação principal (m-PSU) reage a uma alteração espontânea ou instantânea da resistência eléctrica (condutividade) da água que atravessa e é tratada no interior do reator eletroquímico (ECR) em duas fases. Na primeira fase, verifica-se (por comparação (PLC) das tensões de saída e de entrada, através do sensor de tensão/elemento estabilizador (VS)) e, se necessário, altera-se (através do sensor de tensão/elemento estabilizador (VS)) o valor máximo da tensão, de acordo com um modo de estado estacionário, ou não estacionário ou transitório, de funcionamento sincronizado (de acordo com a ordem de grandeza da variação espontânea ou instantânea (dentro de cerca de (+ /)- 1 % da gama em estado estacionário, ou dentro de cerca de (+ /)- 7 - 10% da gama em estado estacionário, respetivamente) da resistência eléctrica (condutividade) da água que atravessa e é tratada no interior do reator eletroquímico (ECR)), com as unidades de alimentação secundárias (s-PSU), através do controlador lógico programável (PLC). A verificação e a alteração são realizadas até que a tensão máxima possível seja fornecida pelo mecanismo de fornecimento de energia (ESM) aos eléctrodos nas células de eléctrodos ((C1) e (C2)) no reator eletroquímico (ECR).

Imediatamente a seguir à primeira fase, a fonte de alimentação principal (mPSU) passa automaticamente para a segunda fase de verificação e possível alteração. Na segunda fase, verifica-se (comparando (PLC) as correntes de saída e de entrada, através do sensor/elemento estabilizador de corrente (CS)) e, se necessário, altera-se (através do sensor/elemento estabilizador de corrente (CS)), o valor máximo da corrente, de acordo com um modo de estado estacionário, ou não estacionário ou transitório, de funcionamento sincronizado (de acordo com a ordem de grandeza da variação espontânea ou instantânea (dentro de cerca de +(/)- 1% da gama de estado estacionário, ou dentro de cerca de (+/-) 7- 10 % da gama de estado estacionário, respetivamente) da resistência eléctrica (condutividade) da água que atravessa e é tratada no interior do reator eletroquímico (ECR)), com as 5 unidades de alimentação secundárias (s-PSU), através do controlador lógico programável (PLC). A verificação e a mudança são realizadas até que a corrente máxima possível seja fornecida pelo mecanismo de fornecimento de energia (ESM) aos eléctrodos nas células de eléctrodos ((C1) e (C2)) no reator eletroquímico (ECR).

Durante o funcionamento normal do reator eletroquímico (ECR) e do mecanismo de fornecimento de energia (ESM), estas duas fases de verificação e possível alteração da tensão de funcionamento e/ou da corrente de funcionamento, juntamente com a conclusão do modo de estado estacionário, ou do modo não estacionário ou transitório, de funcionamento sincronizado das unidades de alimentação principal e secundária (m-PSU e s-PSU), ocorrem rapidamente num período de tempo relativamente curto, da ordem de menos de um segundo.

Cada alteração da resistência eléctrica total provoca uma reação imediata da unidade de alimentação principal (Im-PSU), juntamente com um modo instantâneo em estado estacionário, ou em estado não estacionário ou transitório, de funcionamento sincronizado da unidade de alimentação principal (m-PSU) com cada unidade de alimentação secundária (sPSU). Durante o funcionamento do reator eletroquímico (ECR), a resistência eléctrica dos fios de ligação e dos eléctrodos permanece essencialmente constante. Qualquer alteração da resistência eléctrica total é essencialmente determinada por uma alteração das caraterísticas dinâmicas, em termos dos parâmetros (condutividade, velocidade linear, caudal volumétrico, concentrações químicas, temperatura e respectivos gradientes) da água que atravessa e é tratada no interior do reator eletroquímico (ECR). Por conseguinte, as duas fases acima referidas (de acordo com a ordem de grandeza da alteração espontânea ou instantânea (dentro de cerca de +(/)- 1% da gama em estado estacionário, ou dentro de cerca de (+/-) 7-10 % da gama em estado estacionário, respetivamente) da resistência eléctrica (condutividade) da água que atravessa e é tratada no interior do reator eletroquímico (ECR)), com as 5 unidades de alimentação secundárias (s-PSU), através do controlador lógico programável (PLC). A verificação e a alteração são realizadas até que a corrente máxima possível seja fornecida. A verificação e a possível alteração dos valores máximos de tensão e corrente, juntamente com a conclusão do modo de estado estacionário, ou do modo não estacionário ou transitório, da operação sincronizada do mestre e de cada unidade de alimentação escrava (m-PSU e s-PSU), resultam na utilização da capacidade máxima possível dos eléctrodos para tratar a água corrente. Isto proporciona condições para aumentar as concentrações específicas de oxidantes e coagulantes, o que por sua vez se traduz no aumento da eficiência global do reator eletroquímico (ECR) para o tratamento da água corrente.

Referindo-nos novamente às Figs. 27 - 30, durante o funcionamento sincronizado do mecanismo de fornecimento de energia (ESM) e do reator eletroquímico (ECR), o sensor/estabilizador de tensão (VS) e o sensor/estabilizador de corrente (CS) detectam e registam a tensão e a corrente de funcionamento dos eléctrodos nas células de eléctrodos ((C1) e (C2), respetivamente) do reator eletroquímico (ECR). Em seguida, o sensor/estabilizador de tensão (VS) e o sensor/estabilizador de corrente (CS) enviam simultaneamente sinais de feedback rápido devidamente temporizados, FVF e FCF, respetivamente, para as unidades de alimentação (PSUs: unidade de alimentação principal (m-PSU ou ps1) e unidade de alimentação secundária (s-PSU ou ps2), respetivamente).

O sinal de realimentação rápida da tensão, FVF, e o sinal de realimentação rápida da corrente, FCF, desempenham duas funções importantes: (1) para evitar alterações indesejavelmente grandes (por exemplo, superiores a 7-10 %) e potencialmente prejudiciais para o sistema na tensão e na corrente e, por conseguinte, para evitar alterações indesejavelmente grandes e potencialmente prejudiciais para o sistema na potência, enviadas pelo mecanismo de fornecimento de energia (ESM). (2) para estabilizar a transmissão dos parâmetros operacionais de tensão, corrente e potência, ao longo de todo o circuito eletrónico (ESM) - (ECR). Isto explica o efeito ou função estabilizadora do sensor/estabilizador de tensão (VS) e do sensor/estabilizador de corrente (CS).

Imediatamente após a conclusão do processo de feedback rápido, o sensor/estabilizador de tensão (VS) e o sensor/estabilizador de corrente (CS) enviam sinais de feedback lento, SVF e SCF, respetivamente, para o controlador lógico programável (PLC). De acordo com os valores dos sinais de feedback SVF e SCF, o controlador lógico programável (PLC) efectua então o funcionamento sincronizado e a regulação das unidades de alimentação (PSUs: unidade de alimentação mestre (mPSU ou ps1) e unidade de alimentação escrava (s-PSU ou ps2), respetivamente), tal como descrito anteriormente.

Os sinais de feedback rápido, FVF e FCF, são enviados para as unidades de alimentação (PSUs), em aproximadamente metade (1/2) do tempo que os sinais de feedback lento, SVF e SCF, são enviados para o controlador lógico programável (PLC). O circuito eletrónico (ESM) é intencionalmente concebido e construído de forma a que os comprimentos dos percursos dos sinais do sensor/estabilizador de tensão (VS) e do sensor/estabilizador de corrente (CS) para as unidades de alimentação (PSU) sejam substancialmente mais curtos do que os comprimentos dos percursos dos sinais para o controlador lógico programável (PLC), para executar as duas funções acima referidas, evitando assim "tempos de paragem" indesejáveis e potencialmente dispendiosos durante todo o processo de tratamento da água.

Remete-se de novo para as figuras 31 e 32, diagramas esquemáticos que ilustram uma forma de realização preferida exemplar do sensor/estabilizador de tensão (VS) e do sensor/estabilizador de corrente (CS), respetivamente, e a relação "funcional" de cada um deles com o controlador lógico programável (PLC) do mecanismo de fornecimento de energia (ESM) das figuras 27 a 30.

Como mostram as figuras 31 e 32, cada um dos sensores/estabilizadores de tensão (VS) e dos sensores/estabilizadores de corrente (CS), respetivamente, inclui ligações operacionais de um retificador de entrada 1', um conversor de potência de alta frequência 2', um retificador de saída 3' e um comparador 4'. O comparador 4' está ligado de forma operacional ao controlador lógico programável (PLC). Na Fig. 32, R corresponde a uma resistência ou carga no circuito.

Cada um dos sensores/estabilizadores de tensão (VS) e dos sensores/estabilizadores de corrente (CS), respetivamente, gera e retroalimenta os sinais de feedback lento anteriormente descritos, SVF e SCF, respetivamente, para o controlador lógico programável (PLC).

Durante o funcionamento do sensor/estabilizador de tensão (VS), como indicado na Fig. 31, um operador do sistema de tratamento de água seleciona ou atribui uma tensão atribuída, Unassigned, ao controlador lógico programável (PLC). A tensão de funcionamento, Uoper, é uma função da tensão atribuída, assigned. A tensão de saída, Uout, é uma função da tensão de funcionamento, Uoper, e consequentemente, a tensão de saída, Vout, é uma função da tensão atribuída, Unassigned. O comparador 4' compara a tensão de funcionamento, Uoper, com a tensão de saída, Uout.

Durante o funcionamento do sensor/estabilizador de corrente (CS), tal como indicado na Fig. 32, um operador do sistema de tratamento de água seleciona ou atribui uma corrente atribuída, As especificações e tolerâncias reais de funcionamento de cada um dos componentes separados, o retificador de entrada 1', o conversor de potência de alta frequência 2', o retificador de saída 3', o comparador 4' e a resistência ou carga R, de cada um dos sensores/estabilizadores de tensão (VS) e do sensor/estabilizador de corrente (CS), respetivamente, apresentados nas Figs. 31 e 32, são recolhidos principalmente de acordo com a corrente de saída, lout, e secundariamente de acordo com a tensão de saída, out, uma vez que a densidade da corrente ao longo da área de superfície dos eléctrodos é o parâmetro de controlo durante o funcionamento do reator eletroquímico (ECR) para tratar a água. Além disso, apesar de cada um destes componentes separados do sensor/estabilizador de tensão (VS) e do sensor/estabilizador de corrente (CS) serem bem conhecidos e utilizados no estado da técnica e estarem facilmente disponíveis no mercado, a sua atribuição é feita ao controlador lógico programável (PLC). A tensão de funcionamento, Uoper, (igual à existente no circuito sensor/estabilizador de tensão (VS) da Fig.

31) é uma função de uma corrente de comparação, Comparação, que por sua vez é definida pela diferença entre a corrente atribuída, latribuída, e a corrente de saída, lout. A corrente de saída, lout, é uma função da corrente atribuída, lassigned. A combinação é personalizada para executar particularmente as funções de deteção, estabilização e feedback acima descritas, como parte do mecanismo de fornecimento de energia (ESM).

O componente lógico programável (PLC) do mecanismo de fornecimento de energia (ESM) é um componente lógico que possui uma lógica pré-concebida incorporada, que opera ou executa de acordo com parâmetros de entrada algorítmicos particulares, parâmetros de saída e comandos, com o objetivo de operar e regular o circuito global (ESM) - (ECR), por exemplo, com base nos parâmetros operacionais de tensão, corrente e potência, e tempo de resposta a alterações nestes parâmetros.

O componente lógico programável (PLC) é um componente eletrónico bem conhecido e utilizado, facilmente disponível no mercado. Uma vez obtido, o componente lógico programável (PLC) é programado de acordo com os requisitos específicos do utilizador ou operador, por exemplo, no presente caso, para proporcionar o funcionamento sincronizado do circuito (ESM) - (ECR), como parte de um sistema de tratamento de água mais abrangente. Deve ser entendido que a invenção é definida pelas reivindicações que se seguem e não está limitada pelos detalhes das formas de realização ilustrativas.

Lista de referências, informações sobre patentes e licenças :

1. Fomichev A.N. - Investigação do sistema de controlo, 2021, página 259.

2. B.N. Frog, A.P. Levchenko - Theoretical foundations of physical and chemical processes of water and condensate treatment, 1996, páginas 178.

3. "Encyclopedia of Physics", página 683, publicada pela Grande Enciclopédia Russa, Moscovo, 1999.

Publicado:

- com relatório de pesquisa internacional
- de inventor ship (Regra 4.17(iv)) apenas para os EUA Para códigos de duas letras e outras abreviaturas, consultar as "Guidance Notes on Codes and Abbreviations" que aparecem no início de cada edição regular da PCT Gazette.

MIX
Papier aus verantwortungsvollen Quellen
Paper from responsible sources
FSC® C105338

Printed by Books on Demand GmbH, Norderstedt / Germany